# *Quelques* NOTES UTILES

## sur

# LES SOCIÉTÉS A RESPONSABILITÉ LIMITÉE (S.A.R.L.)

*Edité par*
## LA FIDUCIAIRE DE FRANCE

Prix
5 F

6328

# LES SOCIÉTÉS A RESPONSABILITÉ LIMITÉE

## Leurs avantages - Les entreprises auxquelles elles conviennent

A loi du 7 mars 1925 a autorisé en France les Sociétés à responsabilité limitée.

Si le législateur français, suivant l'exemple donné par les autres grandes nations industrielles, a doté le monde des affaires de ce nouveau statut, c'est que le besoin se faisait sentir d'un cadre dans lequel évolueraient à leur aise les sociétés de famille.

A celles-ci, ainsi qu'aux entreprises moyennes, il a voulu donner une armature solide.

Reconnaissons qu'il y a pleinement réussi. La loi du 7 mars 1925 paraît être, en effet, une des meilleures lois commerciales votées depuis maintes années par le Parlement. Rédigée avec clarté et précision, elle a doté notre législation d'une formule extrêmement souple qui ne peut qu'exercer la plus heureuse influence sur le développement de l'esprit d'entreprise en France.

<table><tr><td>

Les S.A.R.L. existent à l'étranger par dizaines de mille.

</td><td>

Nous allons exposer ce que sont les Sociétés à responsabilité limitée et montrer les avantages fiscaux et juridiques dont elles ont été dotées. Auparavant, faisons remarquer que le nombre de ces Sociétés existant à l'étranger est considérable.

De 1892 à 1924, il s'est fondé en Allemagne 80.000 Sociétés à responsabilité limitée, dont 20.000 depuis la guerre. Il existe en Angleterre près de 65.000

</td></tr></table>

« Private Companies », contre 15.000 « Public Companies » (sociétés anonymes).

Enfin, 1.200 Sociétés à responsabilité limitée sont inscrites au registre du commerce alsacien et il s'en fonde chaque jour de nouvelles.

Ajoutons que, dès la promulgation de la loi de mars 1925, de nombreuses maisons françaises se sont empressées de la mettre à profit, et notamment dans les régions de Paris et du Nord.

<table>
<tr><td>

**Qu'est-ce qu'une Société à responsabilité limitée.**

</td><td>

Ceci dit, voyons ce qu'est une Société à responsabilité limitée.

L'un des commentateurs de la loi les a définies : des sociétés anonymes **sans actions négociables** — ou des sociétés en nom collectif **à risques limités**.

Les S.A.R.L. ont ceci de commun avec les sociétés anonymes **qu'elles limitent le risque couru par les associés au montant de leurs apports.**

</td></tr>
</table>

De même que si vous souscrivez une action d'une société anonyme, les créanciers ne peuvent jamais vous réclamer davantage que le montant entièrement libéré de l'action ; de même, si vous entrez dans une Société à responsabilité limitée en y apportant 1.000 frs. en espèces ou en nature, votre responsabilité ne pourra jamais être engagée au delà de ces mille francs.

<table>
<tr><td>

**Analogie avec les Sociétés de personnes**

</td><td>

Les S.A.R.L. se rapprochent par certains traits importants des sociétés de personnes (nom collectif, commandite).

En premier lieu, **la part de chaque associé n'est pas représentée par des titres négociables** : elle n'est pas matériellement créée.

Ceci implique une fixité dans la composition du corps des associés, au contraire des sociétés anonymes qui voient le nombre et la qualité de leurs actionnaires se modifier chaque jour.

</td></tr>
</table>

En se reportant simplement à l'acte de constitution, les personnes désireuses de traiter avec une Société à responsabilité limitée connaissent donc toujours exactement et la qualité des associés et le montant de leurs apports respectifs.

**En deuxième lieu, les parts des Sociétés à responsabilité limitée ne sont pas librement cessibles.**

Les associés peuvent, il est vrai, se les céder librement entre eux. Mais aucun étranger à la Société ne peut acquérir de parts à moins d'avoir le double consentement :

1° de la majorité des associés ;

2° des trois quarts du capital social.

Supposons, par exemple, une S.A.R.L. de 5 associés au capital de 400.000 francs. Pour qu'une part puisse être cédée à un nouveau venu, il faut que trois associés soient consentants et, qu'en outre, ces trois associés détiennent au moins 300.000 francs du capital social.

On voit qu'il est toujours possible d'éviter l'intrusion d'étrangers dans un groupement familial constitué en S.A.R.L., lorsque la majorité des associés ou lorsque les plus forts participants y sont réfractaires.

<table>
<tr><td>

**Cession des**

**parts.**

**Garantie**

**pour les tiers**

</td><td>

Alors que les titres de sociétés anonymes se transfèrent sans formalités, les parts des S.A.R.L. ne peuvent être cédées qu'après signification par huissier ou acceptation par la Société dans un acte notarié. Tout changement d'associé doit, en outre, être porté à la connaissance du public par un additif ajouté aux actes déposés au greffe, par une publication dans un journal d'annonces légales et par une mention sur

</td></tr>
</table>

le registre du commerce. On voit que le législateur a pris toutes les précautions pour garantir les tiers ; on remarque également la différence profonde existant entre les S.A.R.L. et les sociétés par actions.

Un troisième point de ressemblance des S.A.R.L. avec les sociétés en nom collectif, c'est la faculté qu'elles possèdent d'être désignées sous une raison sociale comprenant le nom d'un ou de plusieurs associés.

Les sociétés anonymes, elles, ne peuvent utiliser le nom
de leurs fondateurs qu'en modifiant l'ancienne raison sociale,
et en écrivant par exemple : « Société des Anciens Etablis-
sements X... ».

**Les gérants
d'une
S.A.R.L. peu-
vent béné-
ficier d'un
mandat à vie.**

Lorsqu'un commerçant ou industriel
transforme son affaire en société anonyme, il s'en dessaisit en quelque sorte
puisque son mandat d'administrateur
peut fort bien, au bout de six mois, de
trois ou de six ans, ne pas être renou-
velé.

Il risque ainsi de se voir éliminer de
sa propre affaire.

Rien de semblable n'est possible dans
les S.A.R.L. Dans celles-ci, le gérant
peut être nommé à vie ou pour la durée de la Société.

Il ne peut être révoqué que pour des causes légitimes et
par une décision du Tribunal, alors que les administrateurs
d'une société anonyme peuvent toujours être révoqués par
une simple décision majoritaire de l'Assemblée générale.

Un chef d'entreprise fondant une S.A.R.L. peut même,
par une clause insérée dans les statuts ou par un additif,
désigner son successeur, par exemple un de ses fils, sans
avoir à craindre que des circonstances nouvelles, telles qu'un
revirement d'opinion des propriétaires de parts, viennent un
jour annuler ses dispositions.

La S.A.R.L. est donc bien celle qui permet au créateur
d'une affaire à laquelle il a bien souvent consacré tous ses
efforts et sa vie entière d'en jouir avec tranquillité jusqu'au
bout et même de réserver le fruit de son travail à ses
enfants.

C'est par excellence la forme qui convient aux sociétés de famille.

Grâce à la loi du 7 mars 1925, les entreprises industrielles
et commerciales, si nombreuses en France, où se transmettent
de père en fils les traditions, les secrets de fabrication, les
clientèles familiales pourront se maintenir et prospérer, en
dépit des obstacles de la législation successorale et des ten-
dances individualistes modernes.

Les gérants ou co-gérants peuvent obliger la société non seulement par leurs actes d'administration, mais encore par leurs actes de disposition. Toute limitation contractuelle ou statutaire de leurs pouvoirs, si elle oblige les associés entre eux, est non avenue à l'égard des tiers.

C'est ainsi qu'un gérant de Société à responsabilité limitée peut aliéner des immeubles ou contracter des emprunts.

Le seul moyen de limiter ses pouvoirs consiste à nommer plusieurs co-gérants et à décider statutairement que leur accord sera nécessaire pour rendre valables les actes les plus importants.

Cette situation privilégiée du gérant s'explique aisément, si l'on considère que les gérants ne sont, le plus souvent, personne d'autre que les chefs des anciennes entreprises transformées en S.A.R.L. Il y avait un intérêt évident à sauvegarder leur autorité dans toute son intégrité. C'est ce qu'a voulu le législateur.



Autorisées spécialement à l'intention des petites et moyennes entreprises, les S.A.R.L. devaient être de constitution et d'administration simple et facile.

Le législateur les a donc débarrassées de toutes les formalités coûteuses imposées, pour la sauvegarde des actionnaires, aux sociétés anonymes.

C'est ainsi qu'une S.A.R.L. peut fort bien être constituée par de simples actes sous seing privé. Il n'est besoin d'aucune déclaration de souscription et de versement. Des statuts imprimés ne sont pas exigés.

En ce qui concerne l'administration, il faut noter que les formalités de vérification des apports et de double assemblée générale constitutive et la nomination obligatoire de commissaires aux comptes imposées aux sociétés anonymes n'existent pas pour les Sociétés à responsabilité limitée.

Enfin, les S.A.R.L. comptant moins de 21 membres ne sont pas tenues de nommer un conseil de surveillance ni de convoquer des assemblées générales.

On voit que les frais sont réduits au minimum et que rien n'est plus aisé ni plus avantageux que de fonder une S.A.R.L.

<table>
<tr><td>

**Le nombre des associés constituant une S.A.R.L. n'est pas limité.**

</td><td>

Ainsi le veut l'article 5 de la loi qui stipule, en outre, que ce nombre peut être réduit à deux seulement. Les Sociétés à responsabilité limitée se voient donc épargnée la gêne qu'impose aux sociétés anonymes l'obligation de grouper un minimum de 7 actionnaires fondateurs.

Désormais, un père et un fils, deux frères, deux parents, deux amis, un patron et un employé pourront s'asso-

</td></tr>
</table>

cier **en limitant leurs risques** et en jouissant des privilèges fiscaux réservés aux S.A.R.L.

Bien plus, il sera possible pour un exploitant individuel de bénéficier de ces avantages en s'adjoignant un associé non gérant qui interviendra pour quelques parts.

<table>
<tr><td>

**Les S.A.R.L. ne peuvent faire appel au marché public des capitaux.**

</td><td>

Le caractère personnel des Sociétés à responsabilité limitée se manifeste à nouveau fortement par la disposition qui interdit aux fondateurs et gérants de mettre en souscription publique les parts qui ne sont pas négociables sur le marché, comme nous l'avons vu. Les Sociétés à responsabilité limitée ne peuvent donc en aucun cas émettre des actions ou des obligations négociables et les associés ne peuvent vendre en

</td></tr>
</table>

bourse leurs parts sociales ou leurs parts bénéficiaires. Toutes les transactions en capital des Sociétés à responsabilité limitée — augmentations, cessions, emprunts — doivent rester d'ordre strictement privé.

## A quelles catégories d'entreprises convient la forme « à responsabilité limitée »

De ce qui précède, nous pouvons conclure que la forme « à responsabilité limitée » convient particulièrement :

1° d'abord aux entreprises qui ne désirent pas faire appel au marché des capitaux par voie de souscription publique;

2° ensuite, à celles qui sont désireuses de se constituer avec un nombre d'associés inférieur à 7.

On a dit que les S.A.R.L. s'appliqueraient presque exclusivement aux sociétés de famille. C'est une erreur et, sans prétendre épuiser le sujet, nous allons énumérer quelques cas concrets où la forme « à responsabilité limitée » trouvera son application.

### 1° - Pour limiter les risques.

En premier lieu, beaucoup d'entreprises se constitueront en S.A.R.L. dans le but de limiter leurs risques, de savoir, comme on dit, où elles vont.

Nous n'ignorons pas que beaucoup de chefs de maison éprouvent une sorte de pudeur à considérer ce côté de la question, que certains même se froissent quand on aborde ce sujet devant eux. N'est-il pas légitime cependant pour un chef d'entreprise d'établir une ligne de démarcation entre sa fortune commerciale et sa fortune personnelle ?

Qui donc osera lui reprocher de se réserver une certaine portion de son avoir afin de pouvoir parer à une crise et éviter d'exposer sa famille au dénuement absolu ?

Au surplus, rien n'empêche le chef d'entreprise dont la S.A.R.L. deviendrait déficitaire de désintéresser ses créanciers sur ses deniers personnels, s'il estime que tel est son devoir. Rien non plus ne l'empêche, en cas de besoin, de fournir des garanties supplémentaires sur sa fortune privée.

Au moment d'échéances difficiles, il aura même beaucoup plus de facilité qu'un commerçant à responsabilité illimitée pour obtenir des délais de ses créanciers, car, en échange des facilités qui lui seront accordées, il pourra fournir des garanties supplémentaires, en hypothéquant des immeubles, en remettant des titres en nantissement, etc...

## 2° - Lorsqu'un père veut s'associer son ou ses fils.

L'association, constituée entre un père et son ou ses fils en qualité de co-gérants, est un des exemples les plus fréquents d'application de la Société à responsabilité limitée qui doit, dans ce cas, toujours être préférée.

## 3° - Lorsqu'un ou plusieurs enfants d'un chef d'entreprise ne peuvent entrer dans une société en nom collectif.

C'est ce qui se produit lorsque la profession d'un des fils lui interdit de se livrer à l'exercice d'un commerce, comme c'est le cas pour les prêtres, les officiers, les fonctionnaires.

Il peut se produire aussi qu'un des fils, déjà engagé dans une autre affaire, ne veuille pas rester associé avec responsabilité illimitée dans une maison qu'il ne pourrait contrôler.

Au lieu de procéder à de difficiles répartitions de soultes, il suffira de constituer une Société à responsabilité limitée où le non-commerçant et le commerçant engagés par ailleurs resteront intéressés en qualité d'associés **non-gérants**.

Cette solution sera particulièrement appréciée par les commerçants, ayant des filles en âge de se marier, qui ne

voudraient ou ne pourraient associer leur gendre en nom
collectif et qui, d'autre part, ne pourraient, sans gêne, constituer des dots avec des fonds retirés de leur entreprise.


## 4° - Pour assurer la continuité des entreprises.


Du fait que le gérant est le plus souvent nommé pour une
longue durée, la S.A.R.L. permet d'assurer la continuité des
entreprises en cas de décès de l'un des co-associés, même
si l'entente ne régnait pas entre les héritiers ou les suces-
seurs.


## 5° - Pour éviter les difficultés successorales
et les frais qu'elles occasionnent.


Qu'arrive-t-il dans une société en nom collectif lorsque
survient le décès d'un associé ?

Si les héritiers n'arrivent pas à s'entendre, il n'y a pas
d'autre solution que la liquidation forcée. Et quiconque a
passé par là sait ce qu'il en coûte en impôts, taxes et frais
de toute nature, sans parler de la diminution de valeur qu'en-
traîne toute vente obligatoire.

Si, d'autre part, les associés survivants ne parviennent pas
à poursuivre d'un commun accord l'exploitation sociale, c'est
alors la dissolution de la société avec son cortège de droits
de partage, aggravés encore des droits onéreux qui frappent
l'actif immobilier lorsqu'il ne fait pas retour au patrimoine
de l'apporteur.

Tout ceci, d'ailleurs, dans l'hypothèse la plus favorable,
c'est-à-dire en admettant que la justice ne doive pas intervenir
pour trancher les difficultés et opérer la licitation.

Dans la S.A.R.L., au contraire, le partage successoral est
extrêmement facile puisqu'il peut être fait par l'attribution
pure et simple des parts.

## 6° - Pour garantir les ventes de fonds de commerce avec paiements échelonnés.

Supposons qu'un commerçant veuille se retirer, en cédant son affaire à un acquéreur, par exemple à l'un de ses anciens employés.

Il arrivera fréquemment que celui-ci ne puisse réaliser de suite une somme suffisante pour payer comptant le fonds, et il faudra avoir recours à des règlements répartis sur une série d'échéances. Or, dans la période actuelle d'instabilité monétaire, de telles combinaisons sont fort dangereuses pour le créancier de francs-papier qui risque d'être partiellement dépouillé de sa créance.

La Société à responsabilité limitée fournit une solution très pratique de cette difficulté. Le commerçant cédant recevra séance tenante une partie du prix. Pour le reste, il conservera un nombre de parts équivalent au solde de sa créance, parts que son successeur lui remboursera aux échéances convenues, **à leur valeur réelle** (c'est-à-dire compte tenu de la dépréciation du franc ou de la plus-value du fonds).

De plus, la qualité d'associé assure au cédant des facilités de contrôle qu'il ne trouverait pas dans une commandite, par exemple.

## 7° - Pour délimiter les risques.

Les S.A.R.L. trouveront encore un vaste champ d'application dans tous les cas où il y aura intérêt à répartir ou à délimiter les risques.

Des sociétés à succursales multiples seront amenées à constituer leurs filiales en S.A.R.L., des armateurs à créer une Société à responsabilité limitée pour l'exploitation de chacun de leurs bateaux.

Les fondateurs d'affaires, même si celles-ci doivent ultérieurement recruter leurs capitaux par voie de souscription publique, constitueront au début leurs syndicats d'étude sous la forme plus intime et moins onéreuse des Sociétés à responsabilité limitée.

Signalons à ce sujet que la forme « à responsabilité limitée »
a été très souvent appliquée à l'étranger aux cartels, aux
sociétés d'achats en commun, aux comptoirs de vente, aux
sociétés de transformation de produits agricoles, etc...

## 8° - Pour bénéficier des avantages fiscaux considérables réservés aux Sociétés à responsabilité limitée.

C'est à dessein que nous avons cité cette raison en dernier
lieu, car elle mérite tout un chapitre.

Dans un pays doté d'une législation fiscale parfaite, il ne
devrait pas pouvoir être question d'avantages d'ordre fiscal,
car des privilèges de cette nature impliquent une inégalité
inadmissible entre les différentes catégories d'entreprises. Il
n'est malheureusement pas besoin de dire que notre pays
est à l'heure actuelle bien loin de cet idéal : aussi, voyons-
nous chaque jour des entreprises modifier leur statut juridique
pour des motifs d'ordre exclusivement fiscal.

Or, au point de vue fiscal, les S.A.R.L. sont incontesta-
blement dans une situation très favorable.

### a) Les traitements des associés considérés comme frais généraux.

En premier lieu, l'injustice qui consiste à forcer les chefs
d'entreprise, exploitants seuls ou associés en nom collectif, à
ne pas faire entrer dans les frais généraux la rémunération
de leur travail personnel, est réparée dans les S.A.R.L.

Les gérants peuvent, en effet, s'allouer un traitement qui
est taxé au titre de l'impôt sur les traitements et salaires et
non de l'impôt sur les bénéfices industriels ou commerciaux,
soit à raison de 7,20 % au lieu de 9,60 %.

Cet avantage appréciable sera plus sensible encore si,
comme il y a tout lieu de le craindre, les taux de ces cédules
passent respectivement à 10 et 15 %.

## b) Exonération des bénéfices mis en réserve.

Un avantage bien plus important que le précédent est constitué par l'exonération au titre de l'impôt général sur le revenu des bénéfices mis annuellement en réserve pour parer aux crises ou aux exercices déficitaires.

Chacun sait que, dans l'état actuel de la législation, les associés en nom collectif sont tenus de faire figurer dans leur déclaration d'impôt général sur le revenu la part des réserves qui leur serait revenue si les bénéfices avaient été complètement distribués. Disposition très dure qui ne tend à rien de moins qu'à imposer des bénéfices inexistants en cas de pertes ultérieures.

Or, dans les Sociétés à responsabilité limitée, ces réserves, considérées comme ce qu'elles sont réellement, **ne paient pas l'impôt progressif**. L'avantage, on le voit, est capital et décidera à lui seul la plupart des entreprises réalisant un chiffre notable de bénéfices à se transformer en S.A.R.L.

La seule précaution à prendre consistera à calculer les réserves avec une modération suffisante pour ne pas accumuler inutilement des capitaux improductifs qui surchargeraient l'entreprise. On peut d'ailleurs considérer les réserves comme un moyen d'égaliser les dividendes d'une année à l'autre et d'annuler aussi en partie les effets de la progressivité de l'impôt.

Enfin, troisième avantage, considérable celui-là, si on le compare à la situation qui est faite aux sociétés anonymes.


## c) Les bénéfices, dividendes et tantièmes distribués aux gérants d'une S.A.R.L. sont exempts de la taxe sur le revenu des valeurs mobilières.

Or, chacun sait que les actions et tantièmes des sociétés anonymes acquittent cette taxe à raison de 12 % du montant des coupons et vraisemblablement sous peu de 20 %. Inutile, n'est-ce pas, d'ajouter des commentaires pour faire saisir toute l'importance de cet avantage.

Notre exposé ne serait pas complet si, après avoir montré tous les avantages des S.A.R.L., nous ne passions pas en revue les reproches qu'on leur adresse.

Ne parlons que pour mémoire des responsabilités encourues par les fondateurs en cas de nullité de la société. Elles sont communes à toutes les autres sociétés, et il suffit, au surplus, pour se prémunir contre un tel risque, de s'entourer de conseils sérieux au moment de la constitution : un commerçant avisé ne traite pas à la légère un acte aussi important que la rédaction de statuts de société.

La responsabilité des fondateurs vis-à-vis des tiers en cas de majoration des apports en nature ne tient pas davantage, car il est facile d'éviter l'évaluation exagérée des apports.

Il ne faut pas non plus tomber dans l'excès contraire et trop sous-estimer les apports, ce qui risquerait d'entraîner des difficultés d'enregistrement et de faire payer des impôts trop élevés par suite de l'accroissement fictif des bénéfices dû à l'insuffisance des amortissements. La règle d'or consiste à évaluer les apports à leur valeur normale.



On a dit parfois : « Mais les banques ne voudront accorder aux S.A.R.L. que des crédits inférieurs à ceux qu'elles accordent aux sociétés en nom collectif. »

Certes, les banques ont une tendance bien naturelle à préférer des garanties illimitées. Il n'en est pas moins vrai qu'elles accorderont toujours des crédits **aux maisons sérieuses** quel que soit leur statut juridique; qu'au surplus, elles ne font aucune difficulté pour travailler avec les sociétés anonymes de famille, bien que les risques y soient limités au montant des apports. A plus forte raison, s'habitueront-elles aux S.A.R.L. où les garanties sont plus fortes par suite :

1° du caractère personnel des S.A.R.L., qui fait que les parts en sont difficilement cessibles et que les noms des associés sont toujours connus.;

2° du fait que les apports sont toujours entièrement libérés;

3° des précautions qui entourent l'évaluation des apports et des sanctions qui en garantissent la véracité;

4° de la stabilité du gérant.

Enfin, n'oublions pas que près de 150.000 Sociétés à responsabilité limitée étrangères fonctionnent depuis des années sans difficultés bancaires; qu'en Allemagne, en Angleterre, en Alsace, **toutes les entreprises prospères,** qui ne sont pas des sociétés anonymes, ont adopté cette forme ou se préparent à l'adopter, et qu'en France même de nombreuses maisons de grosse importance ont déjà procédé à leur transformation en S.A.R.L.

**Faut-il craindre la restriction des privilèges accordés aux S.A.R.L. ?**

Certains esprits chagrins ont également reproché à la mariée d'être trop belle, c'est-à-dire qu'ils redoutent de voir un jour le législateur restreindre les privilèges dont les S.A.R.L. ont été dotées à l'origine.

Sans être prophètes, nous croyons qu'il n'y a pas lieu de s'inquiéter à cet égard, car les S.A.R.L., dans l'esprit du législateur, sont destinées à permettre aux entreprises moyennes de se maintenir, cela, tout en leur imposant certaines formalités, telles que la tenue en règle d'une comptabilité, auxquelles nombre de petites entreprises se soustraient encore aujourd'hui.

En combinant la limitation des risques avec les avantages fiscaux, on a cherché à les rendre aussi séduisantes que possible, et il n'y a aucune raison de croire que cette politique doive un jour subir des modifications.

L'expérience nous a montré que certains industriels, pleinement acquis à l'idée de transformer leur affaire en S.A.R.L., ne s'y résolvaient pas facilement, parce qu'ils redoutaient les ennuis et les frais de constitution.

Or, nous devons faire remarquer que ces frais sont très réduits lorsqu'il s'agit de transformer des sociétés en nom collectif ou en commandite. Et même lorsqu'il s'agit d'exploitations individuelles, les frais du début sont rapidement amortis par la simple entrée en jeu de l'exonération des réserves et de l'inscription des traitements aux frais généraux.

Une recommandation qu'avant de terminer nous devons cependant faire aux futurs fondateurs, c'est de s'adresser, au moment de la constitution, à des techniciens compétents.

Les S.A.R.L. sont encore peu connues en France et ce n'est qu'à cette condition qu'ils éviteront des fausses manœuvres qui pourraient se révéler préjudiciables par la suite.

Ainsi que nous le disions plus haut, l'élaboration des statuts d'une société est chose sérieuse : elle vaut la peine d'être étudiée sérieusement.

9508. — Grenoble, imp. ALLIER PÈRE et FILS.